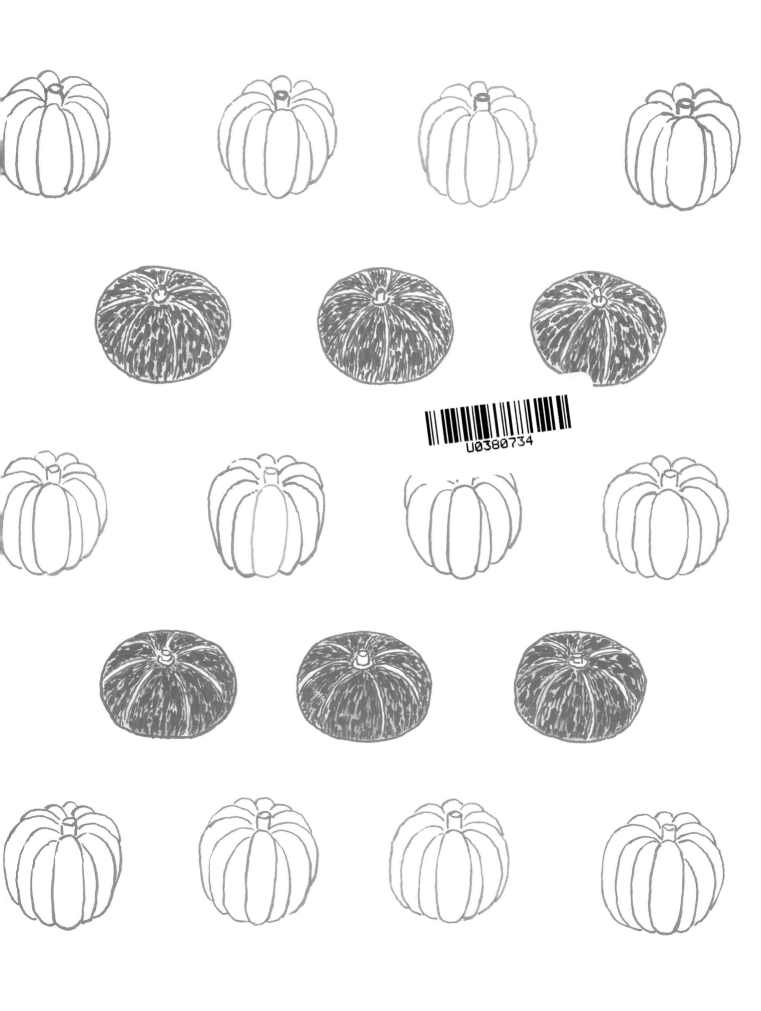

# 画说南瓜

# 画说南瓜

【日】伊藤喜三男 ● **编文**    【日】细谷正之 ● **绘画**

手掌大小的玩具南瓜，大个头的美洲南瓜，
使劲儿坐也坐不上去的巨型南瓜，
松软可口，像太阳一样金光灿灿。
灰姑娘的南瓜马车，万圣节前夜的妖魔鬼怪。
各种南瓜大小不同，形状各异，吃法多多。
南瓜里真的是蕴含着太多的东西。
种一个专属于你的南瓜，彻底地品味南瓜吧！

中国农业出版社

# 1 冬至的南瓜金灿灿

你知道这样的传说吗？在冬至这天吃南瓜可以预防中风，还可以预防感冒。冬至是每年的 12 月 22 日左右，是一年中白昼时间最短的一天。冬至过后，天气就会一下子变冷了。

还有一种说法，说是在冬至这天用放了柚子的水洗澡可以预防感冒。不论是南瓜也好，还是柚子水也好，都是为了祈求平安过冬。如今进口南瓜多了，一年四季店里都有南瓜卖，但是每一种蔬菜还是有属于它自己的时节。冬至就是专属于南瓜的时节。

## 为什么冬至吃南瓜

到了冬至，秋季时令蔬菜的采摘已经接近尾声，蔬菜进入淡季。因此，既有营养又利于存放的南瓜就备受关注。

## 营养满分，活力无限

南瓜含有淀粉、碳水化合物、食物纤维、维生素等成分。南瓜之所以金灿灿的，是由 β - 胡萝卜素造成的。这种 β - 胡萝卜素会在人体内转化成维生素 A，据说对黏膜和皮肤很好，还可以预防感冒和癌症。正因为知道了南瓜的这些优点，所以古人在冬至这天要吃营养丰富的南瓜料理，以便平安过冬。

## 令人联想起太阳的南瓜

因为冬至时的太阳在空中的位置最低，所以冬至是一年中日照最弱的一天。在这样一个让人略感忧愁的季节里，切开南瓜会使人联想到金灿灿的太阳，南瓜的金黄色或许会让人心情舒畅吧。因为冬至这天日照微弱，所以世界各地都有祈求太阳复活的祭祀习俗。

### 南瓜的**季节**到冬至为止

尽管冬至到来之前南瓜备受推崇，但冬至一过，它的人气便会瞬间消失。民间有"冬至过后吃南瓜不吉利"或是"会得病"这样的说法。因为冬至过后天气转冷降雪，南瓜会变软、味道变差，所以冬至过后的南瓜是很难保存的。既然如此，倒不如在变质之前全吃掉，据说这就是冬至南瓜菜的由来。不管怎么说，过去每年吃南瓜就到冬至这天为止。

### **随时**都可以吃到南瓜

南瓜是夏秋季节的夏季时令蔬菜。但是现在全年都可以吃得到。这是因为南起冲绳北至北海道，从2月到9月全国各地都可以陆续地采收到南瓜，就连无法采收的冬至以后，也会有应季采摘后冷冻保存的南瓜上市，同时还有从新西兰、墨西哥、汤加等国进口的南瓜。如今日本南瓜消费居世界前列，蔬菜中南瓜的进口量是最大的。

# 2 南瓜是孩子们的节日——万圣节前夜的主角！

你知道万圣节前夜吗？万圣节前夜是美国的一个节日，人们在 10 月 31 日这一天，在窗边悬挂鬼脸南瓜灯驱邪，孩子们一边喊着"不给好吃的就捣乱"，一边挨家挨户地索要糖果和巧克力。

万圣节前夜源自爱尔兰，据说到了这一天全世界的女巫和精灵就会聚到一起作乱。第二天也就是 11 月 1 日，是祭祀亡魂的日子。这一节日传到美国，就由孩子们装扮女巫和精灵了。但是为什么要用鬼脸南瓜灯呢？真让人百思不得其解。

## 万圣节前夜

万圣节前夜，家家户户都会将一个掏空后的大南瓜做成鬼脸南瓜灯来驱邪。孩子们会装扮成女巫或鬼怪的样子挨家挨户地串门。这样一来就形成了基督教万圣节前夜的纪念活动，大家在一起尽情狂欢。爱尔兰移民刚到美国时，用的并不是南瓜灯，而是用芜菁做成的灯笼。在美国，由于这时正好是南瓜收获的季节，于是就把甜菜换成了南瓜。而且美洲的人们对南瓜有特殊的感情，因为南瓜是人们刚移民到美洲大陆时用来充饥的食物之一。万圣节前夜，记得一定要吃用南瓜做的南瓜派哦。

llowe'en

## 感恩节

每年 11 月的第四个星期四是美国的感恩节，现在变成了庆祝战争胜利的节日，不过它的原意是为了感谢上天赐予的好收成。17 世纪欧洲人移民到美洲，由于第一年几乎颗粒无收，所以半数以上的移民都生病死去了。第二年，在当地印第安人的帮助下，他们学会了种植适应美洲气候，也就是适合当地种植的南瓜、玉米、马铃薯、苹果等农作物和狩猎野生火鸡的方法，总算渡过了难关。为了感谢丰收，所以有了感恩节。为了纪念过去，时至今日感恩节的食谱还和最初一模一样，有南瓜派、烤火鸡、土豆、苹果派等。

## 日本供奉南瓜的寺庙

据说在爱知县幡豆町的幡豆观音寺（南瓜寺），只要穿过挂有南瓜的山门就可以无病无灾；而在京都的安乐寺，每年 7 月 25 日举办供奉南瓜仪式，这时只要吃了南瓜，就可以延年益寿。

# 3 花开早，引蜂来

南瓜开花特别早，天刚刚放亮，就已经开花了。在经过蜜蜂和食蚜蝇授粉后，南瓜花上午便会凋谢。而且南瓜是很容易杂交的农作物，只用自花授粉的话就长不好，可能是这个原因，所以要用不同植株不同品种授粉才会留下更结实的后代。

取南瓜种子后，自己试着播种，或许会结出许多不同颜色、形状各异的南瓜。（关于更详尽的内容，请看卷末解说。）

这就是雌花！

## 南瓜的 生物钟

到了冬至，秋季时令蔬菜的采摘已经接近尾声，蔬菜进入淡季。因此，既有营养又利于存放的南瓜就备受关注。

## 蜜蜂来授粉

雄花和雌花都长在同一根枝蔓上的不同部位，黎明时分同时开放。雄花花粉开花后立即成熟，而雌花花粉却要在六七点钟成熟。蜜蜂和食蚜蝇大都是在这时集中来采集花蜜和花粉，同时帮助花朵完成受粉。花粉的寿命只能维持到十点钟左右。

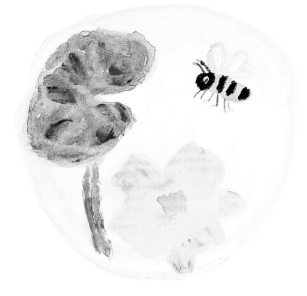

**这就是雄花！**

## 人工授粉

在野外，通常情况下会有昆虫帮忙自然传粉。不过当天气寒冷或下雨时，昆虫有时不来。这种情况下或者是在温室里种植时，就有必要进行人工授粉。雌花成熟的六七点钟是授粉的最佳时期。

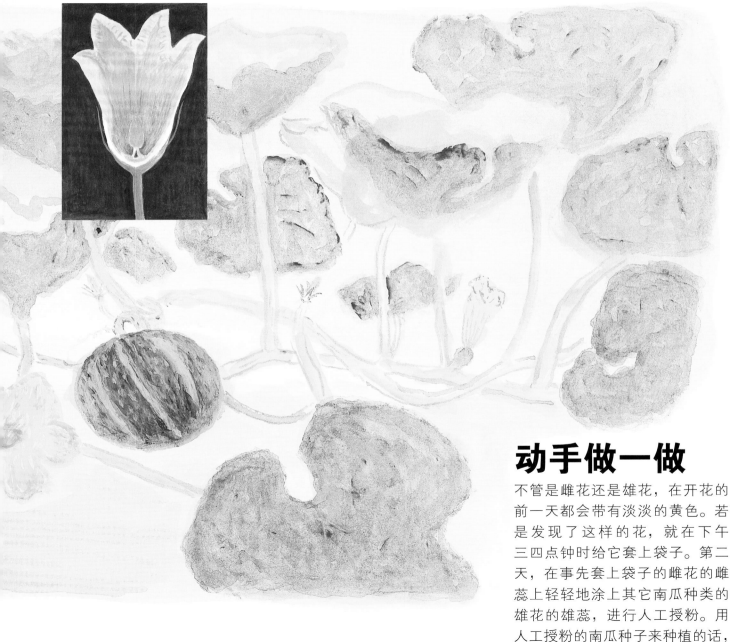

## 动手做一做

不管是雌花还是雄花，在开花的前一天都会带有淡淡的黄色。若是发现了这样的花，就在下午三四点钟时给它套上袋子。第二天，在事先套上袋子的雌花的雌蕊上轻轻地涂上其它南瓜种类的雄花的雄蕊，进行人工授粉。用人工授粉的南瓜种子来种植的话，来年会结出什么样的果实呢？

7

# 4 深深扎到地里的南瓜蔓

当植株爬蔓后，试试把枝蔓从地面轻轻地拿起来，
是不是感觉被什么东西卡住了一样呢？
那是因为从南瓜蔓上生出的不定根深深地扎进了泥土中。为了不被风
吹走，南瓜的枝蔓深深地植根土壤中，同时吸取养料。
栽培时一定要小心，千万不能将不定根拔出来哦。

南瓜原产于中美洲和南美
洲，是一种趴在地面上生长
的蔓生植物。越是野生的品
种，它的枝蔓上的根就扎得
越深。

子蔓

果梗

这是子蔓

这是不定根

南瓜的茎和叶上长有硬
刺，要注意不要弄伤手，
也不要让茎和叶上的硬
刺伤到果实。

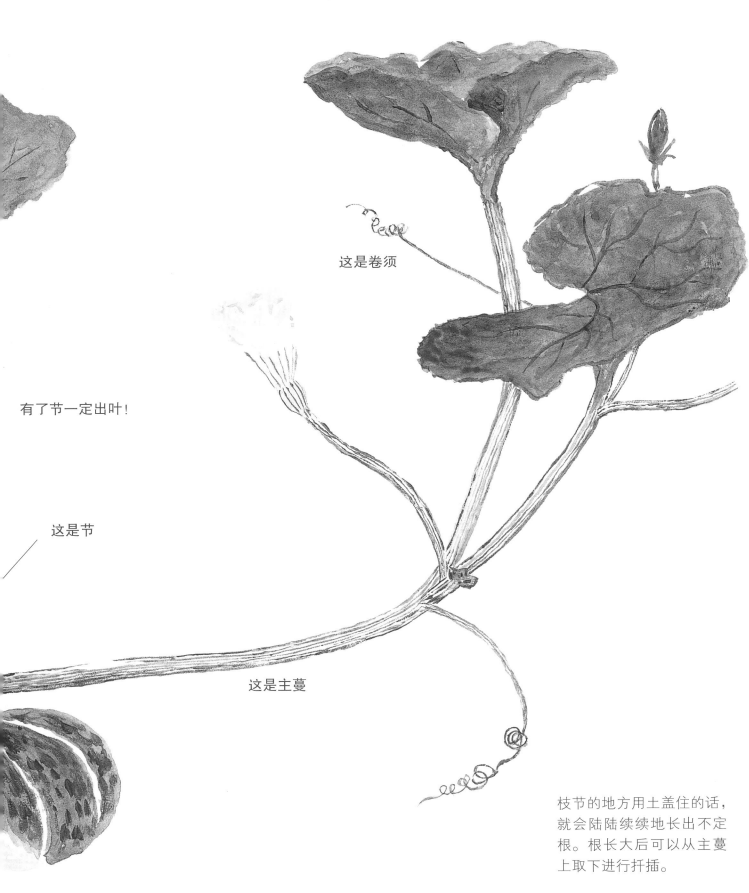

这是卷须

有了节一定出叶！

这是节

这是主蔓

枝节的地方用土盖住的话，就会陆陆续续地长出不定根。根长大后可以从主蔓上取下进行扦插。

●**西洋南瓜**

原产于南美洲的高寒干燥地区，果实熟透后可食用。由于果肉松软香甜，适于做汤和用油烹制，这个品种出现后，很快被广泛种植。主要品种有"惠比寿南瓜"、"京城南瓜"和"栗自豪南瓜"等。除此之外还有一些令人惊异的品种，如"钺南瓜"，这是一种必须用钺（一种类似于大斧头的工具）才能剖开的南瓜。还有"大西洋巨型南瓜"，这是一种可以长到重达400千克的巨型南瓜。

●**日本南瓜**

水分多而糖分少，稍微有点儿黏，果实细腻不易煮烂。可以采摘开花后30天左右、还没熟透的嫩果，调味后食用。熟透的果实易于存放，但由于植株的抗寒能力差，不易在日本北部种植。主要品种有"黑皮南瓜"、"会津南瓜"和"菊座南瓜"等。由于1960年前后西洋南瓜的销量开始剧增，日本南瓜现在已经很少见了，尽管日本菜中会用到，但是在蔬菜店里却几乎找不到。

# 5 西洋南瓜、日本南瓜、美洲南瓜（品种介绍）

以前，日本的北海道以及北方地区种植西洋南瓜，而南方则种植日本南瓜，但是现在一般都种植西洋南瓜。万圣节前夜用来驱邪的是红皮的美洲南瓜。此外花店里出售的形状各异、五颜六色的玩具南瓜，也是美洲南瓜的一种。西葫芦也是美洲南瓜的一种呢。

●美洲南瓜

蔬菜店里的"西葫芦",又黄又可爱的"普契尼"和"锦甘露"等,都是可以食用的美洲南瓜。花店里的玩具南瓜也属于美洲南瓜。玩具南瓜的种类是最多的。

还有一些稀有品种,如种子周围像挂面一样的"金丝瓜(挂面南瓜)"等。除此之外也有用作饲料的南瓜。美洲南瓜抗寒、抗病能力强,所以很容易种植。

# 6 栽培日志

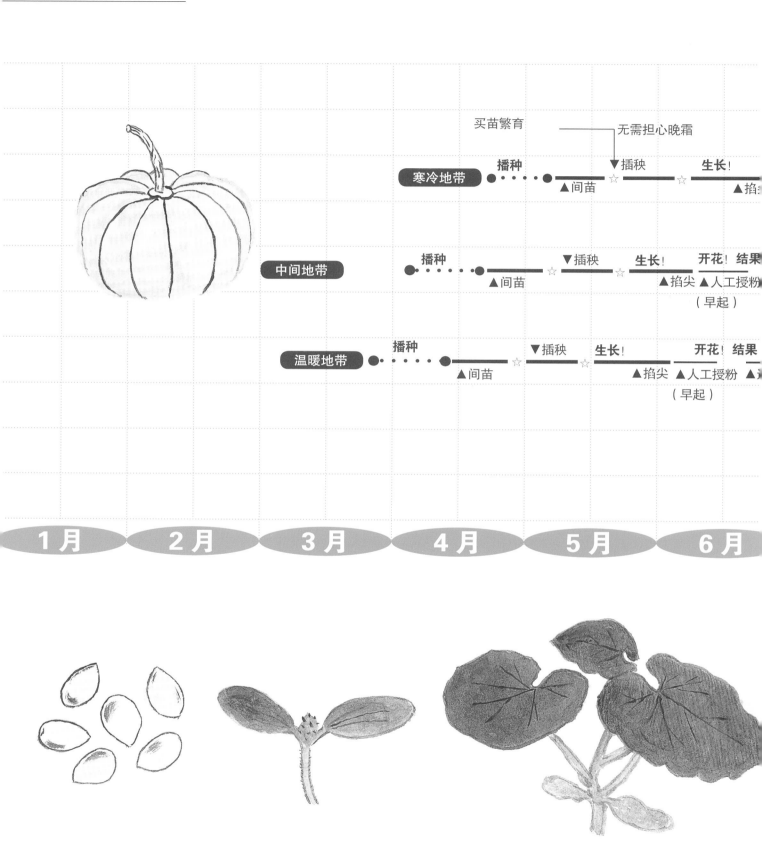

买苗繁育 ———— 无需担心晚霜

**寒冷地带** ●‥‥‥● **播种** ▲间苗 ☆ ▼插秧 ☆ **生长!** ▲掐尖

**中间地带** ●‥‥‥● **播种** ▲间苗 ☆ ▼插秧 ☆ **生长!** ▲掐尖 **开花!** ▲人工授粉 **结果** （早起）

**温暖地带** ●‥‥‥● **播种** ▲间苗 ☆ ▼插秧 ☆ **生长!** ▲掐尖 **开花!** ▲人工授粉 **结果** （早起）

**1月** **2月** **3月** **4月** **5月** **6月**

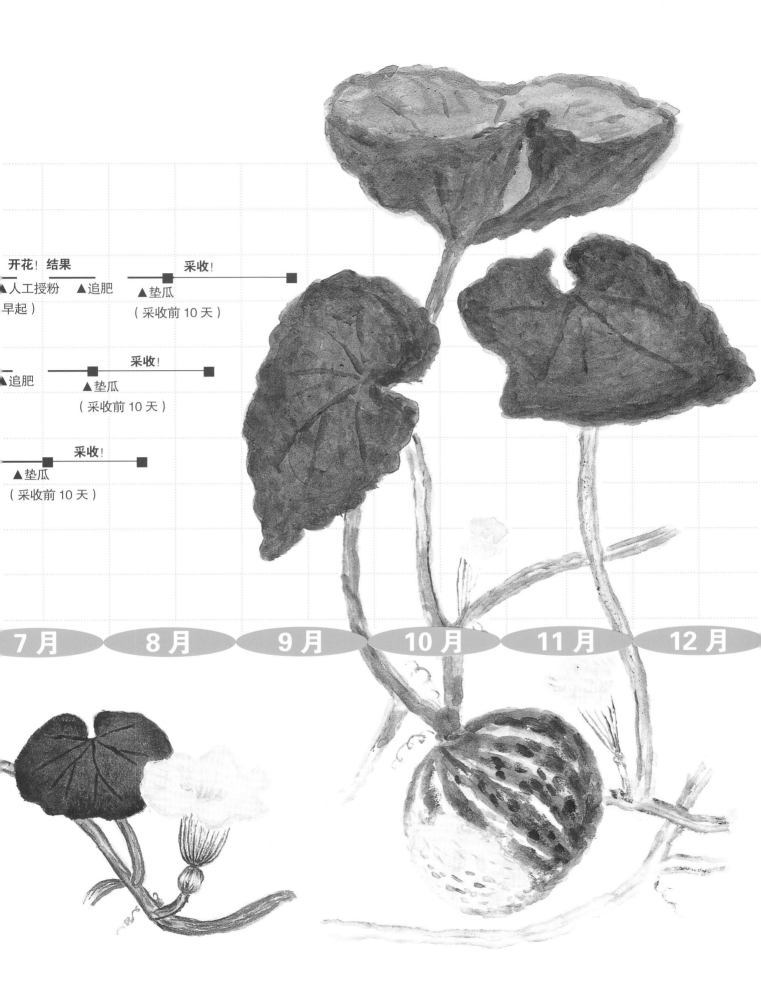

**开花！ 结果**

▲人工授粉　　▲追肥
（早起）

**采收！**

▲垫瓜
（采收前 10 天）

▲追肥

**采收！**

▲垫瓜
（采收前 10 天）

**采收！**

▲垫瓜
（采收前 10 天）

7 月　　8 月　　9 月　　10 月　　11 月　　12 月

# 7 南瓜地就选在这种地方！

南瓜种子要出芽的时候比较喜欢高温环境，阴冷潮湿的土壤会使种子腐烂，因此一定要注意避开晚霜。当种子完全出芽后，即便冷一些也没有关系。一般来说，樱花花期结束的时候（4月至5月）是播种的最佳时机。要是条件好的话，3天左右就可以发芽，再过3天就可以长出3厘米左右的嫩芽，真是生长力惊人啊。

## 选地

要选择排水好、光照足的地方。如果这块地在上一年已经种过南瓜的话，再种南瓜就很容易长虫子得病，所以要另选地方。每棵植株的占地面积是60厘米×40厘米左右。1棵植株上可以结出3个2000克左右的南瓜。要是一个班的同学一起吃煮南瓜的话，差不多有3棵就足够了。要是种3棵的话，大概需要2米×4米大小的地。

## 底肥

要提前15天将用于播种和栽苗的土地细翻一次，翻土厚度要在30厘米以上。然后放入堆肥、腐叶土和100克左右的石灰，充分搅匀。在此基础上，再按照每棵植株施加100克化肥的标准拌入底肥。

## 整地做畦

如图所示，做一个直径60厘米的"畦"（也就是南瓜的床），在里面播种或者栽苗。畦的上层要再拌入50克的肥料。畦和畦之间要间隔60厘米以上。畦要排水好，朝南倾斜，光照充足。

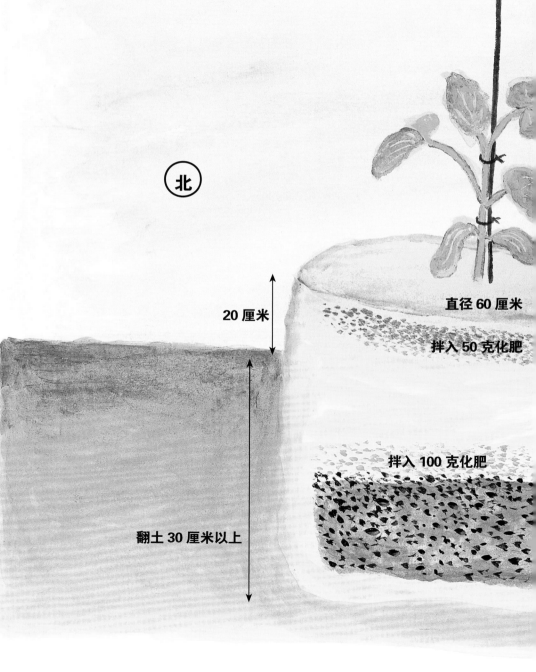

北

20 厘米

直径 60 厘米

拌入 50 克化肥

拌入 100 克化肥

翻土 30 厘米以上

## 播种

种子要在地里呈水平状放好，这样在出芽时种子的皮就可以很好地脱落。1 个苗床里种 4 粒种子，然后盖上 1.5~2 厘米厚的土（请看卷末解说）。

## 保留好的植株

3~4 天就出芽了。当长出真叶时，留下 2 株长得好的；当长出 2 片真叶时，只需留下 1 株长得好的，而将另外 1 株拔掉。

## 栽苗

天冷的地方就买苗来种植吧。买苗时要挑选子叶粗壮的。因为子叶受过伤的苗不利于今后生长，所以一定不要让苗折损受伤，而且要注意栽苗后水不要浇得过多。

## 搭支架

苗种下去后，为了防止植株被风吹歪，要搭一个支架。这个支架要插进土里 20 厘米，露出地面 50~60 厘米。为了防止被风吹折，要用细绳将苗轻轻地固定在支柱上。当枝蔓长到 1.5 米左右时就可以把支架去掉了。

南

10 厘米

腐叶土、堆肥和石灰 100 克

# 8 茁壮成长的瓜蔓上开花啦！

为了保持果实的鲜美，每个果实必须有 14~15 片叶子。

不论是西洋南瓜、日本南瓜还是美洲南瓜，它们的种植方法基本相同。

但是因为日本南瓜抗寒能力差，所以不要过早播种。

西洋南瓜和美洲南瓜都很好养活，所以不必太操心，但是要注意不能浇水过多。

如果土壤湿度过高，南瓜就很容易生病，不能茁壮成长。

只要你用心，就一定会如你所愿长出又大又好的果实。

在 4~5 片真叶处打顶

为了今后的果实长得更大，要把在子蔓的第 5~6 叶节处结的果摘掉。

**从上面看南瓜的枝蔓**

主蔓

## 子蔓剪成 叉子形

要想枝蔓粗壮，最好打顶（掐掉主蔓的尖儿来抑制生长）、剪枝（只留下有用的枝）。在这里给大家介绍一种留下 3 根子蔓的叉子形剪枝法（详细内容请看卷末解说）。

## 追肥

需要追两次化肥，每次 50 克左右。第一次是在刚结果、果实开始长大的时候；第二次是感觉叶子的颜色与刚结果时相比，已经褪成了黄绿色时。将化肥播撒在苗床周围。不过要是叶子不褪色的话，也可以不做第二次的追肥。

在第 10~12 叶节处结果

子蔓

子蔓

## 垫瓜

南瓜底部与地面相接的部分，埋在土里得不到光照，如果置之不管就会变黄。在这里教你一个让南瓜周身通绿的方法。在采摘前10 天，将两个白色托盘倒过来放在南瓜底部，这就是"垫瓜"。也可以换成麦秆之类的东西来垫。这样南瓜底部就不容易变黄了。注意不要弄掉果实周围长出的不定根，否则就会影响南瓜生长。

当然，即使不"垫瓜"，南瓜变黄了，口感却不会改变！你是"垫"还是"不垫"呢？

# 9 采收啦！挑战巨型南瓜！

日本南瓜在开花后 30 天就可以采收了，而西洋南瓜要在开花后 45~55 天采收。你种的南瓜有多大个儿呢？大西洋巨型南瓜的直径可达 1.5 米，重量可达 400 千克。每年秋天，在香川县的小豆岛有南瓜王比赛，获胜者还可以到美国参赛，你也来挑战一下吧！

## 何时采摘

西洋南瓜要食用熟透的老南瓜，瓜皮变厚并有竖纹形成时，就可以从皮硬的开始采摘，一般是在开花后 45~55 天。而日本南瓜采食嫩瓜，所以在开花后 30 天左右便可采摘。

## 享用美味

刚摘下来的南瓜并不好吃。要将采收后的南瓜在通风良好的阴凉处放置 10 天，待果梗的切口变硬，不再有汁水流出时方可食用。在此之前要忍耐，再忍耐！这样一来南瓜中的淀粉就转化成了糖分，南瓜就变得更美味啦。

▼关于淀粉和碳水化合物的图表

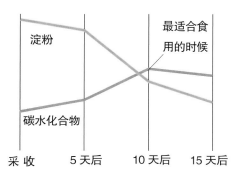

淀粉

最适合食用的时候

碳水化合物

采收　5 天后　10 天后　15 天后

## 采种

一定要从熟透了的南瓜中取种。熟透了的南瓜籽也很美味哦。

## 巨型南瓜

巨型南瓜的种植方法和普通南瓜是一样的。不过要想让它长得大，植株主蔓顶端的果实就只能留一个，其余的子蔓和孙蔓上的果实要全部摘掉。一定要仔细照料扎在地面上的不定根。要想叶子不生病，一定要保证光照好、通风好、排水好，而且还要勤除杂草多浇水。采收后的南瓜经过加工可以做成南瓜派和南瓜汤，味道清香，好吃得不得了。

19

# 10 挑战搭架栽培！

说到南瓜，或许你会认为它是只能长在地上的，其实它还可以悬挂在头顶上。沉甸甸、绿油油的南瓜悬挂在空中的样子，还真的是不可思议呢。你也试着种一下玩具南瓜吧。

**在塑料袋里种**

# 西葫芦！▶

**1.** 找一个能装 10~20 千克大米的米袋，把角剪掉，以便于漏水，放入等量的腐叶土、赤玉土和园艺栽培土。

**2.** 在土壤的中上部分拌入 15 克蔬菜用化肥。

**3.** 种子可以在园艺店和农业合作社等处订购。种植方法和南瓜相同，追肥也一样。

**注意事项**：因为西葫芦只有主蔓，所以为了防止折断，要搭架子精心栽培。西葫芦的叶片很大，要多浇水。长势最旺时 1 天要浇 1 升水。

**采收**：西葫芦鲜嫩时好吃，一般开花后 5~7 天就可以采摘。如果不及时采收就会迅速长到 2 倍大小，这对以后长出来的西葫芦的发育十分不利。

# ◀挑战 搭架栽培

尽管搭架栽培所用肥料是普通栽培的 1.2~1.3 倍，但是在大棚中可以很好地观察茎和果实的生长，而且 1 棵植株上还可以采收到 2 个着色好、不易生病又美味的南瓜。

**1.** 搭一个一人高的大棚，再支架上张网。

**2.** 在支架两边种上南瓜苗。（详细内容请看卷末解说）

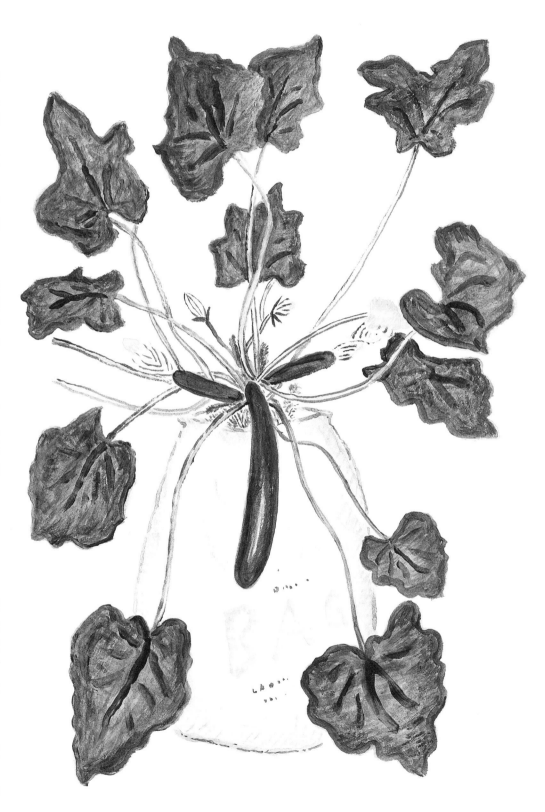

# 11 南瓜生病了，怎么办？

南瓜有很强的抗病能力。尽管如此，若是阴雨连绵，或是管理不到位的话，还是会生病的，要小心哟。特别是田边的杂草要经常清理，保持清洁。种好南瓜的秘诀就是掌握好光照、肥料和水分，还有就是你对南瓜的满满的爱。不过要是南瓜病情严重的话，就要向附近的农户、农业改良普及中心和农业合作社咨询。

## 南瓜花凋落了！

花儿开了却不结果，而是不断地凋落，这种情况可能是因为营养不良，或者是因为蜜蜂少、阴雨连绵而导致无法授粉。要是叶子发黄，通过追肥就可以使其恢复。另外，还可以进行人工授粉（请看第 7 页）。

雨太大的时候，授粉后的花粉被雨水打湿会破裂，所以可以罩上报纸袋 1~2 天，或是用旧雨伞来挡雨。

## 不定根断了！

可以在不定根上面埋土，或者是用 U 形的铁丝来压住瓜蔓。

# 害虫

和其他蔬菜相比,南瓜的虫害是很少的。但是西葫芦的叶片茂盛,很容易长棉蚜虫,发现后要立即消灭。

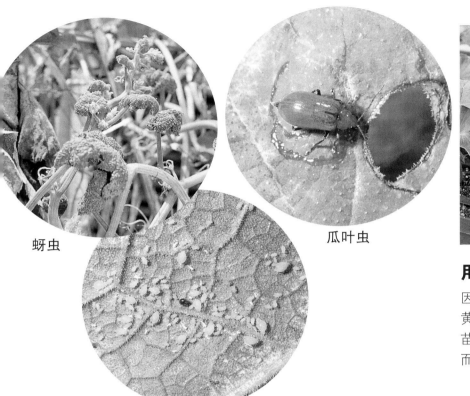

蚜虫

瓜叶虫

## 用来**嫁接**的南瓜苗

因为南瓜根抗病抗低温,所以可以用来和黄瓜嫁接。照片上是把黄瓜苗嫁接在南瓜苗上(照片中可以看到,为了嫁接得牢固而用专门的夹子来固定)。

# 白粉病

主要发生在叶片上,叶子的表层和里层就像是沾了一层面粉似的发白。病情进一步恶化的话,整个叶片都会布满这种白色霉菌,甚至会枯萎死亡。这种病在梅雨期过后的干旱期、刚结果不久以及南瓜植株长势衰弱的时候最易发生。如果是过度干旱造成的,只要浇水就能恢复。

# 晚疫病

这是一种在阴雨连绵的潮湿环境下很容易催生的病害。茎和叶上也会感染病菌,但最易感染病菌的部位是果实。最初是直径 1 厘米左右的圆形水渍状斑点,会逐渐变大,最后患病部位会长出像白色棉花一样的霉状物。湿度大时很容易发病,因此要整地做畦,搞好排水。

# 12 日式拔丝南瓜和南瓜意大利面

红薯、章鱼和南瓜？这是什么组合呢？其实这是日本江户时代女人最喜欢的 3 种食物。红薯就是地瓜啦，章鱼就是海里的那个章鱼。提起南瓜，大家首先想到的就是咸咸甜甜的煮南瓜吧？但如果想尝试非常独特的南瓜料理的话，南瓜意大利面如何？这可不是放了南瓜的意大利面哦。那么，这到底是怎样的料理呢？

**日式拔丝南瓜**

**▼材料（4 人份）**

南瓜……400 克
白糖……100 克
水……1 大勺
酱油……1 大勺
白芝麻……1 大勺
用于炸东西的油

**1.** 南瓜去籽，切成适合入口的片状。

**2.** 将切好的南瓜块过油炸脆。

**3.** 在锅里放入白糖和水，将糖熬化后放入酱油，然后马上倒入南瓜和白芝麻，拌匀。

**4.** 找一个大盘子，薄薄地涂一层油，然后把拌好的南瓜摆放在里面，待冷却后再摆盘。

用油炸过后，南瓜里的胡萝卜素就会很容易被人体吸收。

**冬至吃的南瓜红小豆酱煮素杂烩**
**▼材料（4 人份）**
南瓜……约 500 克
煮熟的红小豆（罐装）……150~200 克
（依据甜度调整用量）
盐……一小撮

1. 把南瓜随意切成大块。
2. 把南瓜、煮熟的红小豆、盐放到耐热容器中搅拌均匀。
3. 搅拌后，盖上保鲜膜，放入 500 瓦的微波炉里加热 10 分钟后取出来搅拌，然后再次放入微波炉里加热 6~7 分钟，直到可以用竹签把南瓜扎透为止。做好后，盛到大碗里就可以吃了。

**南瓜意大利面**
1. 准备好一个完全成熟的金丝瓜（挂面瓜、搅丝瓜），用竹签在上面扎 5~6 个孔，以保持南瓜完整不碎。
2. 把南瓜放入耐热容器中，盖上保鲜膜，放入微波炉中。因为最好是趁热吃，所以要根据吃饭的时间来决定何时加热烹饪（加热时间大约每 100 克用时 5 分钟）。
3. 加热后的南瓜很烫，所以要用毛巾或烹饪手套按住南瓜，将南瓜切成两半，取出南瓜子。因为要吃里面的长长的拉面一样的东西，所以一定要把南瓜横着切开。
4. 把切成两半的热热的南瓜盛到盘子里，用叉子搅动南瓜肉，就会不断地有"南瓜面"出来。
5. 趁热吃，根据自己的喜好可以淋上肉酱、黑胡椒沙司或拉面汁。

南瓜里的**纤维**很多，所以不会像意大利面那样顺滑，但味道清爽，热量低。

# 13 南瓜派、炸南瓜花、南瓜丸子

南瓜不仅果实可以吃，种子炒过后也可以吃。而且在墨西哥——南瓜的原产地之一，人们除了吃果实和种子外，还把雄花作为蔬菜食用，或者煮或者烤。此外，包裹种子的棉絮状物质（胎座）还被用来洗东西。以前的人可真是毫不浪费东西呢。

**制作南瓜派（24~25 厘米大的派盘，一盘的量）**
▼材料：派皮……1 个（制作方法见卷末解说）
将南瓜蒸好后去皮并滤筛过的南瓜糊……2 杯、牛奶……120
毫升、鲜奶油……150 毫升、鸡蛋……3 个、红糖（碾碎）
……1 杯、肉桂……1 小勺、姜粉……半小勺、丁香……少许

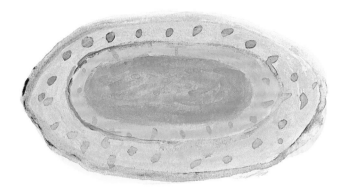

**3.** 使劲儿搅拌。

**4.** 把派皮放到派盘上，把搅拌好的馅料倒在派皮上铺平。

**1.** 将蒸熟的南瓜用滤网过滤。

**5.** 将其放入已加热到 180 摄氏度的烤箱的中段，烤 30 分钟左右。

**2.** 找一个盆，把鸡蛋打散后，放入牛奶、鲜奶油、红糖、肉桂、姜粉、丁香、南瓜糊后搅拌均匀。

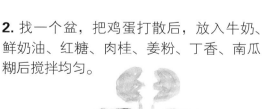

**6.** 表面微微着色后，将温度降到 160 摄氏度，继续烤 15~20 分钟即成。

## 炸南瓜花

▼ 材料（4人份）：南瓜雄花……4朵、火腿……4~8片、蘑菇……2~4个、欧芹（切碎）……1大勺、大蒜……1片、乳酪粉……随自己口味、面包粉……45克、盐、胡椒……随自己口味、鸡蛋……1个、面粉

**1.** 把新鲜的南瓜花用水洗干净，沥干水分。

**2.** 把火腿、蘑菇、大蒜剁碎后，和欧芹、面包粉、乳酪粉一起放到盆里搅拌，然后打入鸡蛋继续搅拌，注意不要太稀。

**3.** 把搅拌好的馅料放到花里面，注意不要漏出来。

**4.** 在面粉中加水搅拌成糊，把包好的花裹上面糊，放到油里炸。

## 炒南瓜子

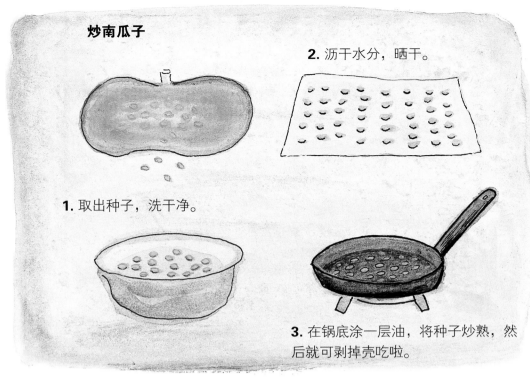

**2.** 沥干水分，晒干。

**1.** 取出种子，洗干净。

**3.** 在锅底涂一层油，将种子炒熟，然后就可剥掉壳吃啦。

## 面具南瓜派

**1.** 准备一张派皮，用刀在派皮上刻出眼睛、鼻子和嘴。

**2.** 把新的派皮放到上页第4个步骤中已经放好馅料的派皮上，用叉子把派皮四周压好，放到烤箱里烤。

**3.** 在派皮上用刷子涂上蛋黄液，就可以烤出下面图片上的南瓜派了。

热热的南瓜派很好吃；凉了以后，在上面加上鲜奶油或冰激凌，装点上薄荷叶，也很好吃呢。

## 南瓜丸子

▼ 材料：南瓜……500克，淀粉……150克（如果南瓜比较软的话，要多放淀粉。丸子的硬度像耳垂儿一样就可以了。）

**1.** 把随意切成大块的南瓜放到耐热容器中，覆上保鲜膜，加热，直到用竹签可以轻松插入为止。

**2.** 趁热去掉南瓜皮，撒上淀粉，用研磨棒等把南瓜碾碎，使劲儿揉匀。

**3.** 把第2步做好的南瓜面团搓成直径2厘米的条状，切成方便食用的大小后，放入烧开的锅中。

**4.** 当团子从锅底浮上来并稍稍膨胀时，捞出放到冷水里。

做好的团子，配上小豆汤、糖酱油、肉桂、大豆粉等，也很好吃的。

# 14 尝试一下带字的南瓜和南瓜杯

既然种了南瓜，那就让我们好好观察，做一些小实验吧！

南瓜到底是一种怎样的植物呢？

是不是有很多事情，是你自己亲手种植以后，才明白的呢？

哎，这是谁啊，竟然在南瓜上刻上了自己的名字！是想独吞吗？

哦，原来这也是一个小实验呐。

## 刻上 名字 或图画

选择一个开花后 30 天左右的南瓜，用钉子等尖锐的东西在瓜皮上刻划。刻上名字或图画，之后会变成什么样子呢？大约经过 15 天，瓜皮上刻划的部分就像伤口结痂一样，字或画就凸显出来了。

## 做一个**南瓜杯**吧！

古时候的墨西哥人不会做土器，他们会选取皮又厚又硬的美洲南瓜或墨西哥南瓜，取出种子和果肉，把瓜皮晒干后，就用晒干的瓜皮储存水和食物。你也用瓜皮比较硬的"钺南瓜"等品种的南瓜来试着做一下吧。

**1.** 选取一个硬皮品种的南瓜，用锯子将南瓜纵向剖开，把里面的东西掏出来。要避开长花的部位，因为这个部位不是很硬。而"钺南瓜"的皮很硬，所以怎么切都可以。

**2.** 种子和南瓜肉掏干净后，把南瓜皮挂在通风的地方，干燥1个月左右。

**3.** 用砂纸把风干后的南瓜擦干净，将碎渣之类的东西都蹭掉。装上手柄，一个大饭勺就完成啦。

## 为什么南瓜里的**种子**
### 不发芽？

这是因为种子外面的东西里含有抑制南瓜种子发芽的物质。把南瓜种子浸泡到泡过别的南瓜种子的水里后，种到土里看看会不会发芽呢？再分别种上没泡过水的种子和泡过水的种子，经过不同处理过的三种种子，哪一种会发芽呢？请小朋友自己多尝试（具体参见卷末解说）。

# 15 卡宝查、南京、唐茄子、波布拉

以上这些都是日本对南瓜的称呼。16 世纪中叶，葡萄牙商船漂到丰后国（现在日本的大分县），向当时的国王献上了柬埔寨的南瓜。于是，南瓜就因为日语中柬埔寨的谐音被称作"卡宝查"了。"南京"这种叫法是表示南瓜是从中国（南京）传到日本的。而"波布拉"这种叫法则是由葡萄牙语中南瓜这个词谐音而来。南瓜还被叫做"唐茄子"，是因为唐朝的时候从中国传到日本的南瓜长得像茄子。

**原产地以及向世界传播的方式**
南瓜的原产地其实并不在柬埔寨，而是在中美洲、南美洲的高原上。据说美洲在古代阿兹特克文明的时候，就已经有用南瓜做的玩具等物品了。南瓜的栽培历史可以追溯到公元前。

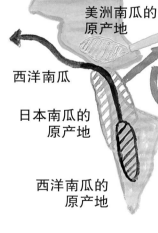

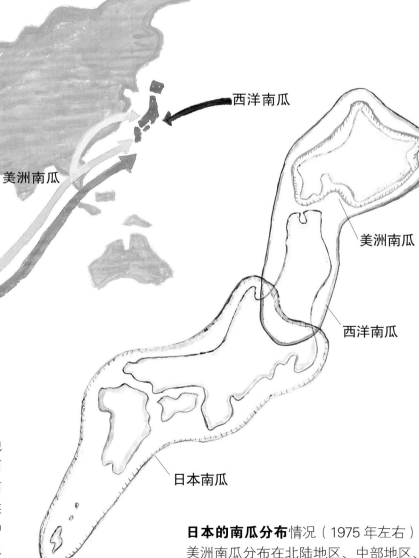

**西洋南瓜的原产地**在中美洲、南美洲的高原地带。传入日本是 19 世纪中叶以后的事情，而像今天这样大受人们欢迎则是在二战以后。南瓜在日本的分布情况也反映出了原产地的气候状况。北方广泛种植西洋南瓜，南方则广泛种植原产地在热带的日本南瓜。通过右侧的南瓜分布图就可以知道，在以前，日本各地都分别种植不同的南瓜品种。

**日本的南瓜分布**情况（1975 年左右）
美洲南瓜分布在北陆地区、中部地区、山阴地区、北九州的部分地区。

**美洲南瓜**最早应该是生长在北美洲，在那里发掘出了公元前 7000 多年时的南瓜种子。美洲南瓜传入日本要晚于西洋南瓜，美洲南瓜中的"金丝瓜（挂面瓜、搅丝瓜）"据说是 1921 年左右从中国传入日本并在日本广泛传播的。而西葫芦出现在家庭餐桌上则是最近的事情。

**日本南瓜**的原产地在中美洲到南美洲北部的热带地区。据说在公元前，这一地区就广泛种植南瓜。在哥伦布发现美洲新大陆后经过了 50 年，南瓜就传入了日本。1542 年，葡萄牙商船停靠在丰后国，之后的 1549 年，在向天主教徒——大名（日本战国时期的大封建主）大友宗麟申请贸易许可的时候，把南瓜献给了大名。

31

# 详解南瓜

## 1. 冬至的南瓜金灿灿（第 2~3 页）

现在，人们在冬至的时候也能很容易吃到各种蔬菜，但在过去却不是这样。在寒冷多雪的地方，冬至的时候很难吃到蔬菜。所以，便于储藏的南瓜就是珍贵的蔬菜了。

最近的研究成果表明，蔬菜和水果中含有能够预防癌症和生活习惯病的成分。南瓜中的 β–胡萝卜素就是其中之一，它不仅能够预防感冒，还有预防癌症的效果。因此，人们再次开始关注南瓜，并大量食用南瓜。在日本，国内新鲜的南瓜退市的时候，人们可以吃到冷藏的国内南瓜，也可以买到从墨西哥、新西兰、汤加等地进口的南瓜。

## 2. 南瓜是孩子们的节日——万圣节前夜的主角！（第 4~5 页）

万圣节前夜，家家户户都在窗户和门口装饰有鬼脸南瓜灯。南瓜灯是把大南瓜掏空后做成的（这个灯笼被称为 Jack-o'-lantern，即杰克灯），里面会点上蜡烛。这一天，孩子们一边喊着"不给好吃的就捣乱"，一边挨家挨户地索要糖果和巧克力。其实最开始万圣节这个节日是古代凯尔特人迎接新年和冬天的节日，人们相信，这一天的晚上，死去的人的灵魂会回到家里。

## 3. 花开早，引蜂来（第 6~7 页）

来观察一下南瓜花如何受精吧。把雄蕊的花粉撒在雌蕊上，几个小时后，用显微镜的载片夹住雌蕊并碾碎，然后滴上几滴碘–碘化钾溶液。因为只有花粉管遇到碘–碘化钾溶液才会变黑，所以就能知道花粉管长了多长。

此外，在花开的前一天把一个没有授粉的雌花用纸袋套住，一周后，仔细对比观察没授粉的雌花和授粉的雌花有什么区别吧。

## 4. 深深扎到地里的南瓜蔓（第 8~9 页）

南瓜蔓按照生长的顺序，依次被命名为主蔓、子蔓、孙蔓。命名方式和人类的族谱一样，很好记。记住这个的话，对观察南瓜、黄瓜这类爬蔓的蔬菜很有帮助。

## 5. 西洋南瓜、日本南瓜、美洲南瓜（品种介绍）（第 10~11 页）

下图中总结出了这三种南瓜的简单的辨别方式。大家也对照看看自己种的是什么品种的南瓜吧。

## 6. 栽培日志（第 12~13 页）

栽培日志中所记录的是西洋南瓜的种植生长过程。

每个地方栽种的时间并不相同，本书所设定的是樱花开始开花时或晚霜结束后。你可以通过气象表查一查，你所在地区的晚霜是什么时候，然后再确定你的栽种计划。如果不明白的话，可以到当地的农业技术推广中心咨询。

（1）选地　南瓜是极易栽培的作物，对土壤的要求不高，但是不喜欢水分太多的地方，所以要整地做畦，注意排水。

（2）播种·苗的保温　南瓜的种植方法有两种：一是直播，就是直接在田里播种子；二是移栽，就是先在温室或塑料大棚里育苗（或到园艺商店买苗），然后移植。两种方法都不难，但如果你是第一次种南瓜，或者你生活的地区比较冷，建议用移栽法，这种方法成功率比较高。

适合南瓜种子发芽的温度是 25~28 摄氏度。栽培日志中记录的发芽的时期，还是地温比较低的时候，所以最好盖上保温膜防寒。播种的时候如果土壤比较湿润就不必再浇水了。从种子发芽到长出两片真叶期间，苗是在保温膜下生长的，当天气转暖、可以看到真叶的时候，用铅笔在保温膜上开 4 个孔，随着气温的不断回升，逐渐把 4 个孔

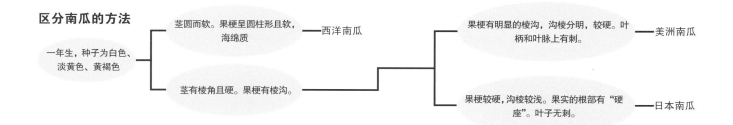

区分南瓜的方法

一年生，种子为白色、淡黄色、黄褐色

茎圆而软。果梗呈圆柱形且软，海绵质 —— 西洋南瓜

茎有棱角且硬。果梗有棱沟。

果梗有明显的棱沟，沟棱分明，较硬。叶柄和叶脉上有刺。 —— 美洲南瓜

果梗较硬，沟棱较浅。果实的根部有"硬座"。叶子无刺。 —— 日本南瓜

扩大。

（3）**移栽** 晚霜结束，地温升至12~14摄氏度后，就可以选择有4片真叶、子叶健康的大苗移栽。过早移栽或雨天移栽都会影响瓜苗的生长，所以最好在温暖的上午进行移栽。这个时期的地温还是比较低的，苗还小的话要覆上保温膜。移栽时要避免伤到子叶和叶子，移栽后浇水要适度，不要过量。

（4）**间苗** 用剪刀分两次间苗。第一次是在长出1片真叶时，留下2根瓜蔓；第二次间苗是在长出2片真叶时，留下1根瓜蔓。

（5）**打顶·整枝** 打顶就是去掉茎的生长点。为了子蔓能够健康成长，当主蔓上长出6片真叶时要摘掉顶端的真叶，留下5片真叶。瓜蔓过于茂盛的话，果实就会长得小，也会容易生病，所以要处理掉多余的瓜蔓，这就是整枝。从已经长出的子蔓中选3条最健康最强壮的留下，摘掉其余的子蔓和第15叶节以下的孙蔓。然后把瓜蔓摆成叉子的形状，以便更好地接受日照。保留长在前15个叶节上的已经结果的孙蔓，这样，长出的南瓜才好吃。

（6）**人工授粉** 雨天或天气寒冷的情况下，昆虫不活动。这时候，为了确保坐果，必须人工授粉。

（7）**摘瓜** 尽早摘除靠近根部或变形的南瓜。留下的3条子蔓上，在每条蔓的第10~12个叶节处留下1个南瓜，其余的摘除。

（8）**追肥** 南瓜长到棒球大小，叶子逐渐褪色的时候，在畦的外侧施用一把左右的化肥。

（9）**垫瓜** 距离收获10天左右时，把横躺的瓜轻轻地放到泡沫塑料垫子上，这样可以使瓜的形状及瓜蒂的颜色好看。这个时候如果把瓜掉到地上了，或者弄伤了，或者叶子折了，那么你的努力就泡汤了，所以尽量不要乱动。垫瓜是专业技术，所以如果怕做不好的话干脆就不要做。

（10）**采收** 没有成熟的南瓜淀粉含量少，采摘后即使催熟也不会好吃。采收的时候，用锋利的刀等利器切断果柄，要轻拿轻放避免碰伤。雨天采摘不利于南瓜的保存，所以要避开雨天。

（11）**补救办法（催熟）** 南瓜采收后放置一段时间，南瓜不仅变得更好吃，受到的伤也会自愈，便于保存。

（12）**选购种子** 可以参考园艺种苗店或农协的商品目录来挑选。

## 7. 南瓜地就选在这种地方！（第14~15页）

如果田地的排水条件差，要在田地周围挖出排水沟，抬高南瓜的菜畦或苗床。

播种时，把种子平着种下，这样，发芽时种子皮就会很容易剥落。这是因为种子的外壳会被土壤的重量压住不动，就被留在土里了。如果发出的新芽没有脱壳成功，用喷雾器喷上水，过一会儿后小心地用手把壳剥下就可以了。这时候如果子叶折了或受伤了，可就不利于发育了。

## 8. 茁壮成长的瓜蔓上开花啦！（第16~17页）

整枝可以改善南瓜蔓的通风透光条件，能让南瓜着色均匀，还具有减少病虫害发生的效果。同时，也方便观察和采收。

整枝一般选在瓜蔓长到1米、2米、3米时进行。整枝时要注意，不要把叶子和茎弄折了，也不要把不定根拔除。

没能整枝也不要担心。南瓜是容易存活的植物，即使采收不到农家种植的大个南瓜，小个头的南瓜总能收获很多的。

主蔓上靠近根部的果实和子蔓第12~13叶节以后结的果实要摘除，因为这些果实会变畸形，而且会削弱瓜蔓的生长。

如果子蔓一长出来就切掉，只让主蔓生长的话，究竟会发生什么呢？主蔓一定会长到10米以上吧。你猜它到底能长多长呢？

大家来把瓜蔓弄成U形或Z形，比一比谁的主蔓长得最长吧。

## 9. 采收啦！挑战巨型南瓜！（第18~19页）

采下来的种子，一定要在第二年种下试试。或许会长出形状或颜色怪异的南瓜呢。

把采下来的种子和作为干燥剂的硅胶一起保存在阴凉的地方，即使10年以后，这些种子也能发芽。

南瓜的重量能达到400千克以上。1998年10月，在美国召开的世界南瓜大赛（IPA）上，日本代表白井先生的南瓜重达439.5千克，当之无愧地赢得了冠军。

巨型南瓜的品种名叫"大西洋巨型南瓜"，它的种子在园艺店能够买到。

## 10. 挑战搭架栽培！（第20~21页）

**搭架栽培** 种植南瓜既可以采用在地面上爬蔓栽培的方式，也可以采用搭架栽培的方式。搭一个拱形的架子，使瓜蔓顺着架子向上攀爬。

另外，因为这种栽培方法已经获得了"南瓜空中栽培法及栽培装置"的专利许可，所以在销售搭架栽培的装置以及用这种方法种出的南瓜时，必须要向专利权人提出申请。

**1）搭架栽培的优点** ①果实形状整齐、色泽均匀。②果实干净、利于保存。③方便在开花时做标记。④管理时不易伤到茎和叶。⑤能够减少病虫害的发生，利于预防和消除病虫害。⑥不用弯腰作业，使管理变得轻松。⑦采收时可以用搬运车，使采收工作变得轻松。⑧在南瓜架成的隧道中工作，阴凉而舒适。⑨可以知道果实的数量。⑩可用于观赏。

**2）步骤及要点** ①在拱形架上铺上网（网眼约20毫米）。②在架子的外侧宽1米、长10米的范围内施肥深耕。肥料包括10千克完熟的堆肥和化肥，化肥包括100克氮肥、150克磷肥、100克钾肥。③做一个高15厘米的平畦，把南瓜苗移栽到菜畦上。④长出4片真叶时摘心，留下2~3条子蔓，孙蔓全部摘除。⑤瓜蔓爬上架子，缠到网线上。⑥把果实放到网眼内，小心不要伤到果实。⑦南瓜叶子褪色，瓜蔓长势减弱时追肥。⑧从南瓜拱道内进行采收。

**3）品种的选择** 适合种植"玩具南瓜"、"锦甘露"、"迷你南瓜"等瓜蔓能够无限伸长的美洲南瓜。种子可以从园艺店或农协邮购。"惠比寿南瓜"等普通品种也能采用搭架栽培的方式，但是要提高产量就需要技术支持解决瓜蔓长势变弱的问题。

**在塑料袋里种西葫芦** 西葫芦长得像黄瓜，但它和南瓜一样是南瓜属，是美洲南瓜的一种。在意大利料理中很有名。它的蔓短（1米），所以在狭窄的院子或阳台上也能种植。你想不想种来试试呢？

普通的南瓜食用成熟的果实，但是西葫芦食用的是开花后3~5天长出的嫩果。品种有"戴娜"、"金灿灿"，种子可以在园艺种苗店或农协买到。

①**室内、露天都可种植** 西葫芦的生长温度为20摄氏度，是南瓜中比较容易种植的品种，瓜蔓短，可以用空米袋种植。这种口袋作的花盆可以随处移动，所以很适合作为礼物送给家里没有菜园的朋友。

②**移栽·立柱** 在田里，株距50厘米种一列。移栽后，搭起支架，把瓜苗绑到支架上，防止瓜苗倒下。

③**授粉** 天气比较冷或雨天的时候昆虫较少，这时候要人工授粉。在雌蕊上轻轻涂上雄蕊。授粉的最佳时间是上午6~7点。

④**追肥·管理** 瓜苗移栽后40天追肥。西葫芦容易得南瓜病毒病，所以要预防和消除蚜虫。植株易得灰霉病，所以在天气好的上午要摘除多余的、枯萎的叶子并清除凋落的花瓣，保证植株间的透光。

⑤**采收** 用剪刀将长20厘米、重130克的果实剪下完成采收。雨天易引发软腐病，所以不要在雨天采收。果实长速很快，一不注意就会长到大啤酒瓶子那么大，所以要经常巡视。采收嫩瓜的话，随时都能采收。如果瓜长的过大，也不要扔掉，因为有很多的烹饪方法。

## 11. 南瓜生病了，怎么办？ （第22~23页）

南瓜里也有一些耐热、耐寒、不怕雨水的品种。从品种上来看，日本东京以西和以南适合种植日本南瓜，以北和以东适合种植西洋南瓜和美洲南瓜。但是，近年来，改良后的品种越来越容易栽培，所以使用当地的品种，按照当地的标准进行种植的话，结果基本上会令人满意。关于各地区的栽培标准可以到农业技术推广中心或农协咨询。

虽然南瓜不易遭受病虫害，但是如果大意了的话，也会引发白粉病或蚜虫。特别是在果实长大了、瓜蔓长势变弱的时候容易发生白粉病，所以要保持瓜蔓的强健。此外，在比较温暖的地方害虫较多，所以要保证瓜田周围的清洁，经常巡视瓜田，在损失不大的时候消灭害虫。如果有无法解决的问题，可以到附近的农业技术推广中心或找农业技术员进行咨询。

## 12. 日式拔丝南瓜和南瓜意大利面

挂面瓜虽然看起来像挂面或意大利面，但吃起来一点也不软滑。南瓜里面是纤维质、热量比较低，作为减肥食品肯定会大受欢迎。

## 13. 南瓜派、炸南瓜花、南瓜丸子
**派皮的制作方法**
材料:面粉（筛好的）……150克、黄油（冷的）……75克、盐……一小撮、凉水……30毫升、蛋黄……1个、直径24~25厘米的派盘
（1）在碗里倒入面粉、盐、黄油，用切面刀或刮刀一边搅拌一边把黄油切成红小豆大小，切好后用手搓揉成干爽的状态。
（2）在搅拌好的面粉中间做个凹下去的坑，放入蛋黄和冷水，

先用指尖将蛋黄和水搅拌在一起，然后逐渐和面粉搅在一起，用手揉成团。用水量根据鸡蛋的大小和面的干湿程度调整。

（3）在揉好的面团上撒上面粉、覆上保鲜膜，放到冰箱里醒30分钟。

（4）在直径24~25厘米的派盘里涂上薄薄的一层黄油，在料理台上撒上面粉，把面团放到料理台上，把冷的面团擀成直径大约35厘米的圆面皮。

（5）用擀面杖把擀好的面皮卷起来放到派盘上展开。用手轻压面皮使它和派盘底部及四周都紧密贴合。派盘边上多余的面皮留下1.5厘米，其余切断。然后用手指把留下的1.5厘米的面皮压到派盘内侧，使内沿上的派皮比底部的稍厚。

### 14. 尝试一下带字的南瓜和南瓜杯（第28~29页）

虽然受伤的南瓜很可怜，但是南瓜被划伤后，伤口上流出的汁水随着时间的推移，会像血液一样不再流淌并凝固，过了一段时间就结成了痂。当南瓜成熟时，结痂几乎就不见了。尽管如此，南瓜太小的话还是很容易划裂开。如果要刻字或刻画，最好在南瓜开花30天后，果实长势放缓的时候进行。

#### ▼ 为什么南瓜里的种子不发芽？

在南瓜的果实里以及南瓜子的周围有抑制发芽的物质。南瓜种子一旦在南瓜里直接发芽就会变冷，在新的南瓜结果之前种子不会再生长，这样一来，在南瓜腐烂、抑制物质分解之前，南瓜里的种子都不会发芽。这是南瓜繁殖的智慧，在野生南瓜以及和野生南瓜相近的品种中很常见。

### 15. 卡宝查、南京、唐茄子、波布拉

在美洲大陆古代文明的遗迹中出土的南瓜，比玉米所在的地层还要古老。由此看来，南瓜对美洲大陆的古代民族来说，是重要的食物。这种饮食文化被印第安人继承下来。

日本南瓜原产自墨西哥南部和中部的高温多湿地带，种植时间悠久。据说在哥伦布发现新大陆以前，南美洲和北美洲就已经种植日本南瓜了。16世纪的时候，这种南瓜传入亚洲，因为气候适合，所以被广泛种植。在所有的南瓜品种当中，这个是最早传入日本的，所以被命名为日本南瓜。南瓜传入日本后逐渐被广泛种植，特别是在二战时期和战后，在粮食不足的情况下，日本人大量种植南瓜才得以饱腹。

16世纪的时候，西洋南瓜传入美国，作为蔬菜和饲料在夏季比较凉爽的地区种植。日本在明治初期从美国引入西洋南瓜品种，在北海道、东北地区和长野县种植。

美洲南瓜原产自墨西哥南部高原地带。美国从很早就开始种植这种南瓜，但在日本的种植时间较短，大正十年（1921年）从中国引进的金丝瓜（挂面瓜）是日本最早种植的美洲南瓜。

# 后记

在日本，自古就有在蔬菜少、营养失衡的冬至吃南瓜的习惯。古人可能是通过经验知道南瓜是健康食品的吧。最近的研究表明，南瓜中富含的 β－胡萝卜素不仅能预防感冒，还能预防癌症。

南瓜的这些优点广受好评，日本人便越来越喜欢吃南瓜了。在国内南瓜下市的时候，人们会选购从墨西哥、新西兰、汤加等国进口的南瓜。

我所居住的北海道，夏秋两季很适合南瓜（下文中提到的南瓜指的是西洋南瓜）的生长，能够培育出美味的南瓜，所以北海道种植了大量南瓜（占日本全国南瓜种植面积的 50% 左右）。

但是，由于种植南瓜很辛苦、劳动力不足、价格低难以盈利等原因，最近，南瓜的种植面积正在不断减少。

因此，我开始着手新的研究，想把西红柿栽培中研究出的省力（少用人工）技术用于南瓜种植，开发易于盈利的新品种，使老年人也能轻松、安心地种植南瓜。本书中提到的果实形状、颜色、大小各不相同的各类南瓜，是为了研发新品种而收集的素材的一部分。我希望能够从这些南瓜中选出有用的品种进行组合，研发出可以用机械采收的、到冬至都好吃的南瓜品种，给大家品尝。

希望小朋友们也喜欢南瓜，以一种研究者的心态提出自己的想法。期待着大家的来信。

伊藤喜三男

**图书在版编目（CIP）数据**

画说南瓜 /（日）伊藤喜三男编文；（日）细谷正之
绘画；中央编译翻译服务有限公司译. —— 北京：中国
农业出版社，2017.9（2017.11重印）
（我的小小农场）
ISBN 978-7-109-22734-7

Ⅰ.①画… Ⅱ.①伊… ②细… ③中… Ⅲ.①南瓜 –
少儿读物 Ⅳ.①S642.1-49

中国版本图书馆CIP数据核字(2017)第035588号

**伊藤喜三男**

农学博士。1941 年出生于秋田县金浦町的农家。
从秋田县立农业讲习所毕业后，在 TAKII 长冈
园艺专修学校学习园艺学。从 1964 年开始在农
林省园艺试验场盛冈分场（现为蔬菜茶业试验
场）和长野县中信农业试验场从事西红柿和辣
椒的育种工作，培育出很多新品种。1994 年开
始在农林水产省北海道农业试验场从事南瓜的
育种研究工作至今。著有《蔬菜全书　西红柿》
（农文协·合著）、《地区生物资源活用大事典 南
瓜》（农文协·合著）等。

**细谷正之**

1943 年 生 于 东 京 。 在 1985 年 比 利 时
domerufofu 国际版画大赛中获得银奖。荣获
1995 年小学馆绘画奖。绘本作品有《Gadorufu
的百合》、《马尔斯先生和马尔斯夫人》、《马口
铁的音符》等。著有散文集《亦假亦真》。

■カボチャ料理の協力
P24~25、27　伊藤照子（編者の連れ合い）
■写真をご提供いただいた方々
P23　アブラムシ、ウリハムシ　木村裕（元大阪府農林技術センター）
　　　台木に使われるカボチャ苗　稲山光男（埼玉県園芸試験場）
　　　うどんこ病　川越仁（元宮崎県総合農業試験場）
　　　えき病　米山伸吾（元茨城県園芸試験場）
■参考文献
1）植物遺伝資源入門　田中正武ほか、技報堂出版
2）農業技術大系（野菜編、カボチャほか）早瀬宏司、農文協刊
3）世界の野菜 Mas YAMAGUCHI（高橋和彦ほか共訳）、養賢堂刊

**我的小小农场 ● 5**

画说南瓜

编　　文：【日】伊藤喜三男
绘　　画：【日】细谷正之

**Sodatete Asobo Dai 3-shu 12 Kabocha no Ehon**
**Copyright© 1999 by K.Ito,Y.Sasameya,J.Kuriyama**
Chinese translation rights in simplified characters arranged with Nosan Gyoson Bunka Kyokai, Tokyo through Japan UNI Agency, Inc., Tokyo
All right reserved.
本书中文版由伊藤喜三男、细谷正之、栗山淳和日本社团法人农山渔村文化协会授权中国农业出版社独家出版发行。本书内容的任何部分，
事先未经出版者书面许可，不得以任何方式或手段复制或刊载。
北京市版权局著作权合同登记号：图字01-2016-5594 号

责任编辑：刘彦博　杨春
翻　　译：中央编译翻译服务有限公司
译　　审：张安明
设计制作：北京明德时代文化发展有限公司
出　　版：中国农业出版社
　　　　　（北京市朝阳区麦子店街18号楼 邮政编码：100125　美少分社电话：010-59194987）
发　　行：中国农业出版社
印　　刷：北京华联印刷有限公司
开　　本：889mm×1194mm 1/16
印　　张：2.75
字　　数：100千字
版　　次：2017年9月第1版　2017年11月北京第2次印刷
定　　价：35.80元